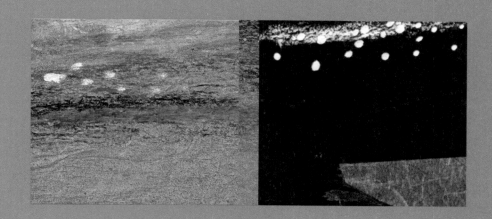

Original title: Noir intense
Author: Eric Batut
© Editions de L'élan vert, 2020
Published by arrangement with Dakai – L'agence
All rights reserved

版权贸易合同登记号　图字：01-2023-1150

图书在版编目（CIP）数据

地球调色盘系列绘本. 黑色洞穴 /（法）艾瑞克·巴图著、绘；邢培健译. --北京：电子工业出版社，2023.6
ISBN 978-7-121-45441-7

Ⅰ. ①地… Ⅱ. ①艾… ②邢… Ⅲ. ①地球—少儿读物 ②溶洞—少儿读物 Ⅳ. ①P183-49 ②P931.5-49

中国国家版本馆CIP数据核字（2023）第071250号

责任编辑：董子晔
印　　刷：北京盛通印刷股份有限公司
装　　订：北京盛通印刷股份有限公司
出版发行：电子工业出版社
　　　　　北京市海淀区万寿路173信箱　邮编：100036
开　　本：889×1194　1/16　印张：10　字数：34.5千字
版　　次：2023年6月第1版
印　　次：2023年6月第1次印刷
定　　价：120.00元（全5册）

凡所购买电子工业出版社图书有缺损问题，请向购买书店调换。若书店售缺，请与本社发行部联系，联系及邮购电话：（010）88254888，88258888。
质量投诉请发邮件至zlts@phei.com.cn，盗版侵权举报请发邮件至dbqq@phei.com.cn。
本书咨询联系方式：（010）88254161转1865，dongzy@phei.com.cn。

系列绘本

黑色洞穴

[法]艾瑞克·巴图 著/绘　邢培健 译

电子工业出版社
Publishing House of Electronics Industry
北京·BEIJING

这天早上，我们三个人朝着**山丘**出发。

我们要去寻找一个孩子跟我们说过的**洞穴**。

我们来到了巨大的**石灰岩**上。
金雀花的千万朵小花
朝我们洒下**光芒**。

我们**垂直下落**到
岩石底部，
用洞穴探险装备：
头盔、头灯和绳索，
把自己武装起来。

现在我们已进入洞穴**内部**。
蝙蝠被我们的灯光惊扰，
一边逃离一边尖叫。

一滴滴的水经过漫长的岁月

形成了**钟乳石**和**石笋**。

它们有时会相连，

形成壮观的石柱。

我们仿佛身处就要合上的

大嘴之中。

一股水流像**瀑布**一样倾泻而下。
真美呀！
水来自上方的洞顶，
那里温度很高。

接下来，我们一个跟着一个，

穿过了一段**虹吸洞道**。

这段路很危险，需要用绳索和潜水设备来辅助。

洞穴中间的这片湖水
宁静极了。
这时，一个朋友发现了别的
了不得的东西。

在我们面前的岩壁上，

画着数百只正在逃避猎人追捕的**动物**。

它们很久以前就被画在这里了，
却像发生在**昨天**。

阿嚏！ 阿嚏！ 阿嚏！

回声传来，
紧跟着一阵轰隆声，
是塌方！
我们努力
保持镇静，

沿着原路，
往回跑。

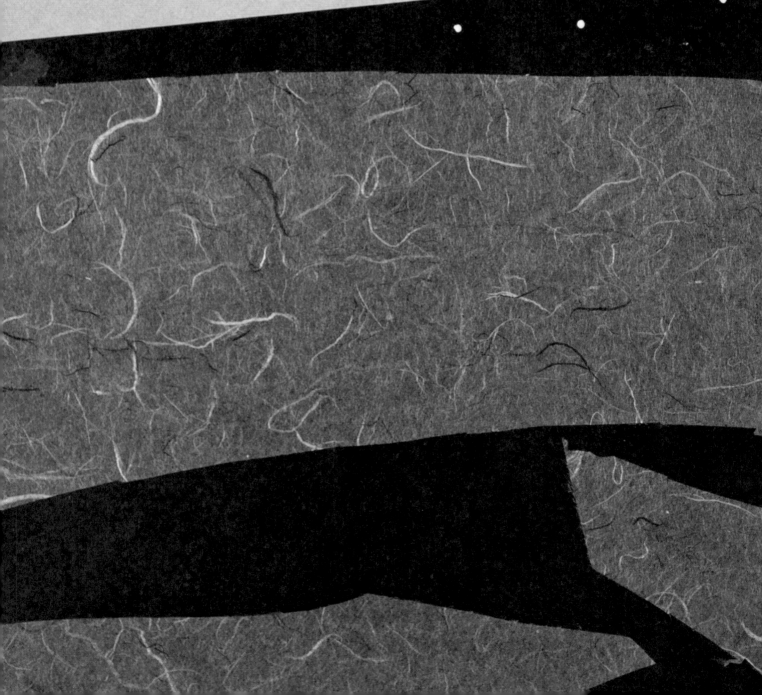

一束光从外面高高的地方照下来，
召唤着我们。
很快，我们就回到了阳光下。

夜晚降临了。
月亮闪着微光。
夜是黑色的，深邃的黑色。
现在，只有**三只萤火虫**，
在**尽情地**舞蹈。